CONTROVERSIAS EN CIRUGÍA CORONARIA

Eladio Sánchez Domínguez

CONTROVERSIAS EN CIRUGÍA CORONARIA

Eladio Sánchez Domínguez

Cirujano Cardiovascular

© 2012 Eladio Sánchez Domínguez

Reservados todos los derechos. Ni la totalidad ni parte de este libro puede reproducirse o transmitirse por ningún procedimiento sin permiso del autor.

Lulu Press, Raleigh, Carolina del Norte, Estados Unidos.

Primera edición, 1 de marzo de 2012.

ISBN: 978-1-4716-4717-8

Depósito Legal: BA-000120-2012

A Manuela

ÍNDICE

1. **MANEJO PREOPERATORIO** 7
2. **INJERTOS** 11
3. **PLANTEAMIENTO QUIRÚRGICO** 29
4. **MANEJO POSTOPERATORIO** 45
5. **BIBLIOGRAFÍA** 49

1 MANEJO PREOPERATORIO

Toda la medicación antianginosa debe continuarse hasta la mañana de la cirugía para prevenir recurrencia de isquemia.

El empleo de betabloqueantes preoperatorios disminuye la mortalidad de la cirugía de revascularización coronaria (CRC).

La medicación antihipertensiva debe administrarse la mañana de la cirugía.

Los inhibidores de la enzima convertidota de angiotensina (IECAs) disminuyen las resistencias periféricas durante la circulación extracorpórea y el postoperatorio, se pueden suspender la mañana de la cirugía.

La digoxina se debe dar la mañana de la cirugía si se emplea para controlar la frecuencia cardiaca.

Los diuréticos se deben continuar la mañana de la cirugía.

Anticoagulación:

Los anticoagulantes orales se deben suspender 4 días antes de la cirugía. Si se requiere cirugía urgente administrar vitamina K o plasma.

La heparina de bajo peso molecular se deben suspender más de 12 horas previas a la cirugía.

Inhibidores IIb/IIIa de corta acción deben suspenderse 4 horas antes de la cirugía.

Aspirina debe suspenderse 3-7 días antes. Menos infartos perioperatorios y mayor supervivencia cuando la aspirina se continúa hasta la cirugía.

Clopidogrel debe suspenderse 5-7 días antes.

Tras abciximab o trombolisis la cirugía se debe demorar 12-24 horas (1, 2).

1.1 **CATETERISMO**

El grado de estenosis a partir del que existe un deterioro de la reserva de flujo coronario y la presión coronaria distal es 75% de área de sección o 50% de diámetro arterial. Son referidas como hemodinámicamente significativas (3).

Se recomienda CRC de las lesiones iguales o mayores del 50% de diámetro arterial.

Las estenosis del 75-80% de diámetro suponen un deterioro del flujo coronario en reposo.

Las arterias totalmente ocluidas presentan una presión distal baja, la circulación colateral es menos efectiva en llevar flujo (4).

2 INJERTOS

2.1 Arteria mamaria interna

La arteria mamaria interna izquierda es el conducto de elección a la descendente anterior (DA) a todas las edades para cirugía electiva y urgente (4).

El 90% de las mamarias anastomosadas a la DA están permeables a los 10-20 años. Entre el 5 y 10% tienen lesiones estenóticas, pero la mayoría no progresan (5).

Emplear la mamaria libre desde la aorta a la DA tiene una permeabilidad casi tan alta como *in situ* (6).

En 1986 publica Loop la mayor supervivencia a 10 años de los pacientes con mamaria (7).

En 1996 Cameron (8) publica una comparación de los pacientes del registro CASS con y sin mamaria a 15 años. La supervivencia a 15 años era significativamente mayor en los pacientes con mamaria a la DA en los grupos con y sin disfunción ventricular, hombres y mujeres, menores y mayores de 65 años.

2.1.1 Mayores de 80 años

Estudio retrospectivo de 358 pacientes mayores de 80 años. Los pacientes en que se realizó CRC con mamaria a DA tuvieron mayor supervivencia a 8 años, menor recurrencia de angina y mejor clase funcional. Este beneficio no se tuvo respecto a si la revascularización era completa o no (9).

2.1.2 Mortalidad perioperatoria

Edwards (10) en 1994 empleando la *Society of Thoracic Surgeons database*: la mortalidad operatoria de los pacientes con mamaria significativamente menor.

Leavitt (11) en 2001: *the Northern New England Cardiovascular Disease Study Group*. La mamaria tuvo un importante efecto protector en la mortalidad perioperatoria. La mortalidad global en los pacientes con mamaria fue 2,2% frente a 4,9%. En todos los subgrupos examinados los pacientes con mamaria presentaron una disminución significativa en la mortalidad hospitalaria: edad (> 70 años), mujeres, superficie corporal (BSA) < 1,6 m2, índice de masa corporal (IMC) >30

Kg/m2, enfermedad pulmoar obstructiva crónica (EPOC), diabéticos, vasculopatía periférica, insuficiencia cardiaca congestiva, insuficiencia renal, fracción de eyección deprimida, presión telediastólica del ventrículo izquierdo >20 mmHg, lesión del tronco coronario izquierdo (TCI) >90%, número de vasos, cirugía urgente o emergente.

El empleo de mamaria presentó menos accidentes cerebrovasculares (ACVAs), reentrada en circulación extracorpórea, reintervenciones por sangrado y mediastinitis (NS).

2.1.3 Mamaria esqueletizada o pediculada

Los defensores de la mamaria esqueletizada postula: una mayor longitud, mayor facilidad de injertos secuenciales, mayor flujo precoz, menor daño al tórax, mejor vascularización esternal y mejor función respiratoria postoperatoria (12).

Un estudio que evaluaba la mamaria intraoperatoria y en laboratorio muestra que la esqueletonización no daña la función endotelial de la mamaria, supone un mayor flujo precoz y mayor longitud, y menor daño al tórax (12).

Calafiore (13) publica sus resultados a medio plazo de esqueletizada frente a pediculada en doble mamaria: mayor número de anastomosis y secuenciales en esqueletizadas. Mortalidad precoz similar. Menor síndrome de hipoperfusión en esqueletizadas. Más dehiscencias esternales en grupo pediculadas con o sin diabetes. Resultados angiográficos similares.

2.1.4 Mamaria bilateral esqueletizada en diabéticos

Matsa en 2001 (14) publica que la esqueletonización mejora el flujo esternal, y evita que la diabetes sea un factor de riesgo de complicaciones esternales. En su estudio muy pocos diabéticos con insulina.

Lev-Ran en 2003 (15) publica sus resultados de doble mamaria esqueletizada en diabéticos insulin dependientes: similar resultado de complicaciones esternales que una sola mamaria (mediastinitis 2%), con una menor incidencia de eventos cardiacos (angina, reintervenciones, infarto agudo de miocardio y muerte cardiaca). Excluyó a mitad del estudio las mujeres obesas diabéticas.

Lytle (16) en una editorial revisa el tema: concluye que la esqueletonización no es la panacea para evitar los problemas esternales aunque contribuye. La esqueletonización aumenta la longitud de la mamaria y facilita más anastomosis e injertos compuestos. Expande el número de pacientes que se benefician de dos mamarias, manteniendo manejable la incidencia de complicaciones esternales.

Toumpoulis, Boston, articulo de revisión (17). Incidencia de mediastinitis en pacientes con dos mamarias 1,3-4,7%, mayor en diabéticos con series del 10%. Dos mamarias esqueletizadas mediastinitis 0,4-2,6%, en diabéticos 0,5-3,3%. Concluye que dos mamarias esqueletizadas se pueden usar en todos los pacientes.

2.1.5 Doble mamaria

Lytle (18, 19) en 1999 publica que los pacientes que reciben dos mamarias tienen disminuido el riesgo de muerte, reoperaciones y angioplastia. Estudio retrospectivo de 2000 dobles mamarias frente a 8000 simples. 60% a DA y circunfleja, 23% a DA y coronaria derecha. Mortalidad hospitalaria similar. Más complicaciones esternales en dobles mamarias (2,5% frente a 1,4%). Los pacientes con mamaria única mayor mortalidad tardía que doble mamaria. En ningún caso la mamaria única fue ventajoso. La doble mamaria para todos los pacientes presenta mejores resultados en mortalidad, reoperaciones y angioplastia. Es más eficaz en prevenir reoperaciones.

Lytle (20) en 2004 publica los resultados de doble mamaria a 20 años: la doble mamaria incrementa la supervivencia durante la segunda década postoperatoria y más allá. La supervivencia de la doble mamaria fente a simple es 89% frente a 87% a 7 años, 81% frente a 78% a 10 años, 67% frente a 58% a 15 años y 50% frente a 37% a 20 años.

Tatoulis (21), Melbourne, 2011. Estudio de 991 mamarias derechas esqueletizadas en pacientes sintomáticos tras CRC. Permeabilidad a 10 años: 90%. Mamaria derecha permeabilidad a DA: 95% a 10 años, a circunfleja 91%, a coronaria derecha 84%. Permeabilidad a 10 años de la mamaria derecha e izquierda a DA y circunfleja idénticas. Similar permeabilidad libre e *in situ*. La mamaria derecha siempre mayor permeabilidad que la radial o vena safena.

2.1.6 Resultados de mamaria por territorios coronarios

Sabik (22) en 2005 publica que la mamaria presenta mayor permeabilidad que safena excepto en estenosis moderadas de coronaria derecha. Al hacer un injerto a la coronaria derecha con lesión menor del 70% la safena puede ser una mejor opción.

La mamaria presenta mayor permeabilidad que la safena en cualquier año para injertos a DA, diagonal, obtusa marginal y descendente posterior. En los primeros 5 años tras cirugía la safena tiene igual o mayor permeabilidad que la mamaria en la coronaria derecha. 10 años tras cirugía la mamaria es más probable que esté permeable en la coronaria derecha si la estenosis era >70%.

El flujo competitivo redujo mínimamente la permeabilidad de la mamaria a la DA, pero mucho cuando fue mamaria a coronaria derecha. La permeabilidad de la safena no disminuyó con el flujo competitivo.

Recomendaciones de Sabik: nuestra preferencia cuando empleamos dos mamarias es emplear una a la DA y la otra a la siguiente rama izquierda más importante. Si no hay otra rama izquierda y la coronaria derecha necesita un injerto sugerimos hacerlo a la descendente posterior en vez de a la coronaria derecha propia.

Sabik (23) publica en 2003 los factores de riesgo asociados con oclusión de la mamaria: menor grado de estenosis, tiempo desde el injerto excepto si es la DA, sexo femenino, mamaria derecha, tabaquismo. En todas las arterias cuanto menor es la lesión proximal menor la permeabilidad de la mamaria, no existiendo un punto de corte claro. La mamaria no debe evitarse para injertos a arterias con estenosis moderadas.

Berger (24) publica en 2004 un estudio retrospectivo con angiografías que el empleo de mamarias a vasos con lesiones menores del 50% supone una incidencia de oclusión de la mamaria del 79%.

2.1.7 Mamaria derecha

Buxton revisa el seguimiento de 460 pacientes con mamaria derecha. Mayores fallos de la mamaria derecha se asociaron con: estenosis menores del 60%, vasos distintitos de la DA, injertos a la coronaria derecha, injerto libre. Atravesar la mamaria derecha a la izquierda por delante de la aorta o por seno transverso no influyó en la permeabilidad (25).

2.1.8 Mamaria secuencial

Dion (26) en 2000 (St-Luc, Bruselas), estudio retrospectivo de pacientes con injertos secuenciales de mamaria realizándose angiografía en 161 a los 7,5 años. La permeabilidad de mamaria secuencial fue mayor que vena secuencial (96% frente a 76%). No diferencias en permeabilidad entre mamaria simple o secuencial (93% frente a 96%). No diferencias entre mamaria izquierda y derecha simples o secuenciales a DA y circunfleja. La permeabilidad de mamaria derecha a coronaria derecha fue menor (83%). La permeabilidad de la mamaria libre es menor (96% frente a 86%). No diferencias en la permeabilidad de la anastomosis proximal y distal de mamaria secuencial (92% frente a 96%). Las anastomosis latero-laterales mayor permeabilidad que en diamante (97% frente a 91% p=0,04).

El empleo de dos mamarias incrementa mínimamente el sangrado postoperatorio pero no aumenta los requerimientos de transfusión (27).

2.2 Arteria radial

Técnica extracción: mano no dominante, test de Allen clampando radial en muñeca. Extracción pediculada de la arteria y las dos venas acompañantes, no tocar. Evitar el nervio cutáneo lateral del antebrazo y el nervio radial superficial. Desde la arteria palmar superficial hasta la arteria recurrente radial. Cerrar subcutáneo y piel y vendaje compresivo (5, 28, 29, 30).

Conservación: gasa con papaverina para conservar (60 mg papaverina por 60 ml de suero salino) (29, 30). Sangre heparinizada o 500 cc de Ringer con 50 mg nitroprusiato sódico y 30 cc heparina, se irriga suavemente la luz y se conserva (5). 5 ml de solución de papaverina (1mg/ml) en sangre heparinizada irrigar la luz y conservar (28).

Conservada en papaverina diluida (60 mg en 30 ml de sangre heparinizada) sin dilatar ni irrigar la arteria (31). Dilatada y conservada con papaverina diluida en sangre heparinizada (32).

Protocolo farmacológico: protocolo de diltiazem iniciado durante la disección de radial (dosis de carga de 0,05 mg/kg seguido de 0,15-0,2 microgr/kg/min) (39,40). Nicardipino en quirófano y primeras 24 horas seguido de antagonistas del calcio vía oral 6 meses (31). Diltiazem itravenoso (0,1 mg/kg/h) en la unidad de cuidados intensivos (UCI), seguido de vía oral (32).

2.2.1 Grado de estenosis y territorio

Maniar (31) en 2002 (St Louis) revisa 109 pacientes con angiografía de 1022 coronarios con mamaria y radial en T o Y. El grado de estenosis y el territorio fueron predictores significativos de fallo. Más fallos de injerto en Cx y CD. Menor permeabilidad en vasos con lesiones <70%. Concluye que CABG con radial a lesiones <70% o CD tienen un alto riesgo de fallo. Continúan empleando la radial en lesiones críticas de CD porque otros injertos igual comportamiento en esta posición. La safena puede competir mejor con la circulación nativa y ser menos susceptible a flujo competitivo.

2.2.2 Resultados

Acar (32), 1998 (Bichat y Broussais, París). De 910 pacientes con radial, estudio angiográfico de 50. Anastomosis proximal en aorta (4 mm) el 98%. 51% de radiales a circunfleja, 29% a coronaria derecha, 16% a primera diagonal. 83% de permeabilidad a 5 años.

Possati (33), 2003 (Rome). Resultados angiográficos de los primeros 90 pacientes a largo plazo. Radial a circunfleja o descendente posterior. Permeabilidad de radial a largo plazo (105 ±9 meses) del 91%. La mayoría de casos de fallo en vasos con lesiones no oclusivas.

Khot (34), 2004 (Cleveland Clinic). Revisa cateterismos (paciente con síntomas de cardiopatía isquémica) a pacientes con radial. 310 pacientes. La permeabilidad de la radial era 51% (mamaria 90%, safena 64%). Tenían estenosis severas el 15% de radial (6% safena). La permeabilidad era menor en mujeres (39% frente a 56%). No recomienda el uso de radial, especialmente en mujeres.

Gurbuz (35), 2007 (Tucson). Revisa coronarios sin circulación extracorpórea, empleo de radial en 398 de 591 pacientes. La arteria radial fue un predictor independiente de recurrencia de síntomas y eventos cardiacos adversos.

Tatoulis, Australia, 2009 (36). Analiza 1108 conoronariografías postoperatorias por síntomas cardiacos en enfermos con radial. Tiempo medio 48 meses. Se consideró fallida radial o no permeable si estenosis mayor 60%, signo de la cuerda u oclusión. 89% permeables. En DA 96% permeables, Diagonal 90%, circunfleja 89%, coroanria derecha 83%, descedente posterior 89%, posterolateral 86%. Permeabilidad en vasos con lesiones menor 60%: 87,5%, mayor 60%: 89%. Técnica: disección en pediculo, distendida y almazenada con papaverina diluida en sangre heparinizada 1 mg/ml. Nitroglicerina intravenosa durante la cirugía y 24 horas, amlodipino oral 6 meses. Anastomosis a aorta.

2.2.3 Radial frente a safena

Zacharias (37), 2004 (Toledo, Ohio). Compara dos grupos semejantes (925 cada uno) en los que se emplea mamaria a DA y solo vena safena o radial. Mortalidad perioperatoria similar (1,2% radial frente a 1,1% safena), complicaciones similares. Supervivencia a 6 años: 92% radial frente a 86% safena (p<0,03). En mujeres, diabéticos, enfermedad de tres vasos y <65 años, la mayor supervivencia se hace significativa antes de los 3 años.

Desai (38), 2004 (Toronto). 561 pacientes de 13 centros de Canada. Mamaria a DA, y randomizaron la radial a circunfleja o coronaaria derecha (safena al otro). Angiografía a los 8-12 meses. Anastomosis proximal en aorta en 98% de radial. Oclusión del injerto en 13,6% de safena y 8,2% de radial (p=0,009). El empleo de radial disminuye el riesgo relativo de oclusión un 40%. El signo de la cuerda en el 7% de radiales. Vasos con lesiones >90% tuvieron menor incidencia de oclusión de radial y signo de la cuerda. Algún grado de estenosis de anastomosis proximal en el 21% de radiales y 11% de safenas. Infarto de miocardio perioperatorio no fatal en 9,8% (radial 3,2%, safena 3%, mamaria 2,8%).

Hayward. Melbourne, Australia. 2008 (39). Estudio randomizado. Pacientes mayores de 70 años randomizados a radial o safena para el mejor vaso distinto de la DA. No diferencias en supervivencia o en supervivencia libre de eventos a los 6 años.

Collins. Londres (40). 142 pacientes randomizados a radial o safena para una rama estenótica de la circunfleja. Supervivencia a los 5 años del 94%, no diferencias. Angiografía a los 5 años de 103 pacientes (77%). Estenosis el 10% de radiales y el 23% de venas (p<0,01). Todos con circulación extracorpórea y radial a la aorta.

Goldman. 2011 (41). Análisis multicéntrico (11 centros), randomizado entre 2003 y 2009. 733 pacientes randomizados a mamaria a DA y radial o safena al vaso de más importancia. Objetivo: permeabilidad angiográfica al año. No diferencias entre los dos grupos en permeabilidad a 1 año.

2.2.4   Radial frente a mamaria derecha

Caputo (42), 2003 (Bristol, UK). Estudio retrospectivo de pacientes con dos injertos arteriales. Mamaria izquierda a DA, y radial (336) o mamaria derecha (325). La mamaria derecha se usó como pedículo en 94%. La radial fue libre a aorta en 78%. El grupo de radial más factores de riesgo. Supervivencia similar a los 18 meses. Supervivencia libre de eventos cardiacos y muerte (sin ajustar por covariables) a los 18 meses 92% mamaria derecha frente a 98% radial (p=0.02). Análisis multivariable mayor efecto protector de la radial.

Lytle (43), editorial sobre radial: sabemos que la mamaria derecha permanece permeable a 20 años. Estudios de radial han demostrado permeabilidad del 80 a 87% a 5 años. Ambas tienen menor permeabilidad en vasos con lesiones moderadas. La dificultad técnica de la mamaria derecha disminuye con la experiencia y en una situación perfecta (estenosis crítica del sistema izquierdo) la permeabilidad de la mamaria derecha es mayor que la radial.

Hayward PA, Melbourne, 2010 (44). Estudio prospectivo randomizado 10 años. Todos mamaria izquierda a DA, al segundo vaso a pontar mayor: radial (198) o mamaria derecha libre (196) en menores de 70 años y radial (113) o safena (112) en mayores de 70 años. Arteriografías en seguimiento. A los 5 años no diferencias en permeabilidad entre mamaria derecha (83%) y radial (89%) en grupo 1 y radial (90%) y safena (87%) en grupo 2.

2.3 Arteria gastroepiploica

Hirose (45), 2002 (Japón). Estudio retrospectivo de 1000 pacientes con gastroepiploica. In situ el 99,6%. A la coronaria derecha el 88% y circunfleja el 10%. Permeabilidad a 1 año: 98%, 3 años: 91%, 5 años: 84%. No diferencias en permeabilidad con radial o safena. Consideran ideal para revascularizar la coronaria derecha distal con lesión severa u oclusión proximal.

2.4 Vena safena

Revisión de la enfermedad vena safena (46), 1998 (Cleveland, Ohio).

Oclusión del 15% durante el primer año. Permeabilidad a los 10 años: 60%. Permeabilidad a los 10 años libre de estenosis significativa: 50%.

Angina recurre en el 20% de pacientes el primer año tras CRC con safena.

Trombosis, hiperplasia intimal y arteriosclerosis.

Trombosis: principal mecanismo durante el primer mes. La disección de la safena supone disrupción endotelial, particularmente la alta presión para distender, valvas venosas, estenosis anastomótica, by pass próximo a ateromatosis, respuesta protrombótica tras cirugía.

Hiperplasia intimal: principal fenómeno entre 1 mes y 1 año, representa el punto de partida para ateromatosis.

Arteriosclerosis: tras el primer año de cirugía.

Factores predisponentes para enfermedad de la CRC con safena:

Vasos <1,5 mm, permeabilidad a 1 año del 65%, frente a 90% si >1,5 mm.

Injertos a coronaria derecha o circunfleja, frente a DA.

Grado de lesión proximal: 90% permeabilidad a 1 año si lesión >70%. 80% si lesión <70%.

Años del injerto. Permeabilidad favorable en safenas libres de lesión a los 6 años.

Tabaquismo.

Dislipemia.

Hipertensión.

Diabetes.

2.4.1 Técnica disección

Souza (47), 2001 (Suecia). Disecada la safena con un pedículo de tejido, no distendida. Alta permeabilidad precoz.

Publicaciones a favor y en contra de la disección endoscópica. En uno de 2009 se asoció con fallo del injerto y eventos adversos. En otro se asoció a menos infecciones de herida y no a eventos adversos (48, 49).

3 PLANTEAMIENTO QUIRÚRGICO

El primer objetivo en cirugía coronaria es obtener una revascularización completa mediante injertos a todas las estenosis severas (al menos 50% reducción del diámetro) en todos los troncos arteriales coronarios y ramas con un diámetro de 1 mm o más (5).

3.1 Lechos coronarios

Las coronarias deben de tener un calibre de 1,5 mm o más de diámetro para un injerto exitoso. Un vasos de 1,5 mm su territorio de distribución (*run-off*) asegura flujo para evitar el fallo precoz.

Los vasos menores de 1,5 mm más dificultad técnica, menor flujo con menos territorio, permeabilidad baja con vena safena a estos vasos.

Es particularmente importante en vasos de pequeño calibre tener un injerto óptimo, idealmente una mamaria, o una vena de pared fina (4).

3.2 Extensión de la revascularización

La revascularización debe ser completa. Deben recibir todos los territorios coronarios (DA, ramo mediano, circunfleja y coronaria derecha) con una estenosis del 50% o más de diámetro al menos un injerto (4).

Revascularización completa: definición tradicional: 1 injerto en cada territorio con lesión severa (estudio CASS). Definición funcional: 1 injerto a todos los vasos pontables con lesión severa. Índice de extensión de revascularización: número de injertos realizados/número de injertos previstos.

BARI (50), 2002: realizar más de un injerto a un territorio distinto de la DA no supone ventajas a largo plazo y puede aumentar el riesgo a largo plazo de muerte e infarto de miocardio.

Synnergren. Suecia. 2008 (51). 9408 CRC. Seguimiento medio 5 años. Dejar un segmento vascular sin revascularizar en enfermedad de 2 ó 3 vasos no aumenta mortalidad. Dejar 2 segmentos vasculares sin revascularizar en enfermedad de tres vasos se asoció con un aumento en la mortalidad. La revascularización incompleta fue más frecuente en CRC sin circulación extracorpórea.

Chu D. Texas. 2009 (52). Compara 580 pacientes con un injerto por territorio enfermo con 549 pacientes con más de un injerto por territorio enfermo. No diferencias en mortalidad precoz, eventos cardiacos mayores ni supervivencia a 9 años. Mayor tiempo de circulación extracorpórea e isquemia en grupo con múltiples injertos por territorio. Defiende la revascularización completa (un injerto por territorio) y justifica los resultados encontrados porque un injerto en un territorio por colateralidad compensa otros vasos enfermos del territorio.

Rastan AJ, Leipzig. 2009 (53). 8806 multivasos. 936 (10,6%) revascularización incompleta de la circunfleja o coronaria derecha según definición tradicional. No diferencias en mortalidad (3,3%) y complicaciones postoperatorias. Vaso fino distal o severamente calcificado fueron las principales causas de revascularización incompleta. Discusión interesante de estudios publicados. En pacientes con mamaria izquierda a DA una revascularización incompleta razonable de circunfleja o coronaria derecha no afecta a la supervivencia precoz o tardía en pacientes con enfermedad multivaso.

Aziz A. St Louis. 2009 (54). Compara pacientes mayores de 80 años con revascularización completa tradicional (181), funcional (279) e incompleta (120). Supervivencia similar entre tradicional y funcional, menor en incompleta a los 5 y 8 años.

3.3   Lesiones <50%

Controvertido.

Disminuye permeabilidad de injertos en estudios con mamaria y radial.

Al hacer un injerto a un vaso no ocluido existe un progresión de la arteriosclerosis al disminuir el flujo nativo en el vaso y acaba ocluyéndose proximalmente en corto plazo de tiempo. Similar comportamiento se observa al hacer un injerto a un vaso con una lesión <50%. (4).

Botman (55) publica en 2007 que la permeabilidad de injertos en lesiones funcionalmente significantes es mayor que en lesiones no significativas. Esto no tiene relevancia clínica porque los pacientes con puentes permeables u ocluidos a lesiones no significativas no experimentan un aumento de angina o reintervenciones.

3.4   Injertos a territorios

Se han considerado predictores del síndrome de hipoperfusión: ventrículo hipertrófico, DA mayor de 2,5 mm, mamaria de pequeño calibre, problemas técnicos, interrupción de una safena vieja y sustitución por una mamaria *in-situ*, y disfunción ventricular de base (55).

Nakajima (56), 2006 (Osaka). Angiografía postoperatoria de 458 CRC sin bomba arterial total. Los predictores de flujo reverso o oclusión fueron: estenosis del 75% o menos de coronaria derecha, más de tres anastomosis distales con un injerto, situación 1 (dos estenosis del 75%), situación 2 (un vaso con estenosis del 75% al final y un vaso con estenosis del 99% o 100% en medio), y situación 3 (un injerto en Y con un vaso con estenosis del 75% y otro del 99-100%).

Las anastomosis secuenciales con mamaria *in situ* a DA y diagonal fueron satisfactorias incluso cuando ambas ramas tenían solo lesiones del 75%, similar a un injerto en Y.

Yi (57), 2010 (Seul). Compara permeabilidad con TAC de pacientes sin bomba en los que a la coronaria derecha se ha hecho mamaria derecha *in situ* (199) o safena (159). Ambos buena permeabilidad pero mejor permeabilidad la safena en lesiones moderadas o coronaria derecha propia frente a descendente posterior.

3.5 Revascularización arterial total

Tector (58), 2001 (Milwaukee), 897 pacientes con revascularización arterial total con mamarias. Mortalidad precoz 2,3%. Libres de reintervención el 94% a los 8,5 años. No diferencias en diabéticos.

Hacen la T antes de la circulación extracorpórea, prefieren anastomosis en paralelo que perpendiculares (menos probabilidad de estenosis en la anastomosis).

Wendler (59), 2000 (Homburg/Saar, Germany). 490 pacientes. Mamarias 23%, mamaria y radial 77%. Anastomosis en T 85%. Mortalidad hospitalaria 2,2%.

Zacharias. 2009. Toledo (Ohio) (60). Series enfermedad multivaso. Arterial total (612), mamaria a DA y venas (4131). Arteria radial 91%, dobles mamarias 12%, secuenciales 29%. Mortalidad precoz similar. Arterial total mayor supervivencia a 12 años en enfermedad de tres vasos (en enfermedad de dos vasos supervivencia idéntica), independiente de fracción de eyección y diabetes.

3.6 Clampaje aórtico lateral

Pocos estudios comparan clampaje único con clampaje lateral en cirugía coronaria.

Ventajas propuestas clampaje único: prevención ACVA, mejor cardioplegia y reperfusión.

Desventajas clampaje único: isquemia más prolongada, convierte cirugía coronaria en abierta, incrementando riesgo de embolia aérea cardiaca y cerebral, al abrir la aorta se dificulta el drenaje del ventrículo izquierdo.

Ventajas propuestas del clampaje lateral: menor isquemia, reperfusión con la mamaria.

Desventajas clampaje lateral: riesgo embolias.

Kim RW. Yale. 2001 (61). Estudio muy interesante.

Estudio de 607 CRC operados por dos cirujanos: 301 clampaje único, 306 clampaje lateral. Mayor tiempo de isquemia y circulación extracorpórea en clampaje único. Más cardioversiones en clampaje lateral. No diferencias en infarto de miocardio, mortalidad y ACVA. Concluye que no hay diferencias entre las técnicas de clampaje en prevención de ACVA e infarto de miocardio.

Hammon JW. Carolina del Norte. 2007 (62). Randomiza pacientes a clampaje único o múltiple y los compara además con grupo contemporáneo sin bomba. Examen neuropsicológico preoperatorio, 1 semana, 6 semanas, 6 meses. A los 6 meses más déficit neuropsicológicos persistentes en grupos de clampaje múltiple (26% de 27) y sin bomba (27% de 26) que en grupo de clampaje único (9% de 54) pero no alcanzó significación.

3.7 Espasmo injerto

He (63), 1998 (Hong Kong). En un estudio experimental de segmentos de radial demuestran que la solución verapamil/nitroglicerina preserva al máximo la función endotelial, y que la papaverina daña esta función.

Mussa (64), 2003 (Oxford). En un estudio experimental de segmentos de radial. La solución verapamil/nitroglicerina ofrece un importante efecto protector contra muchos vasoconstrictores durante 5 horas. La papaverina tiene una eficacia de 1 hora y limitada a ciertos vasoconstrictores. Fenoxibenzamida tiene una duración mayor de 5 horas.

Chanda (65), 2001 (Albano, NY). En estudio de segmentos vasculares. Nitroglicerina sola o en combinación con nifedipino, verapamil, diltiazem o nicardipino revierte eficazmente un vasoespasmo. Eficacia: radial>mamaria>safena.

3.8 Plastia TCI

Dion (66), 1997 (Saint Luc, Bruselas). 49 angiplastias de TCI. Abordaje posterior 11. Abordaje anterior 38. Parche de vena en 37 casos. No debe estar afectada la bifurcación distal y no existir una intensa calcificación en la angiografía.

Liska (67), 1999 (Suecia). 18 pacientes. Abordaje anterior y parche de mamaria.

Maurera (68), 2010 (Francia). 91 pacientes. Abordaje transpulmonar (80). Desplazamiento lateral de arteria pulmonar (11) en casos de lesión solo ostial. Endarterectomía limitada y parche de pericardio autólogo fresco. Mortalidad perioperatoria 1,1%. Supervivencia a 5 años 95%, 10 años 80%. Requirieron revascularización 10 pacientes.

3.9 <u>Rotura ventricular en disección de descendente anterior</u>

Poco publicado.

Sanders, Holanda. 2009 (69) revisa un caso y la bibliografía publicada. Opciones:

Sutura en colchonero por debajo de la DA. Riesgo de compresión de la DA por fibras musculares sobre la DA en extremo proximal y distal de la zona de ventriculotomía.

Cierre de la ventriculotomía sobre la DA y buscar sitio alternativo de injerto. Lo más seguro. Depende de poder encontrar otro sitio aceptable de DA, espesor suficiente de músculo sobre la DA para permitir el cierre.

División completa del músculo sobre la DA y aproximación de la pared libre del ventrículo derecho al septo por debajo de la DA con puntos en colchonero desde pared libre del ventrículo derecho al septo y salen por pared libre de ventrículo izquierdo, aproximando. Requiere mucha disección, daño a septales y diagonales.

Cierre de la ventriculotomía con un parche de pericardio que atraviesa el injerto a la DA.

Se puede emplear un probador introducido retrógradamente desde la punta por la DA para evitar dañarla con las suturas o localizarla. Cierre de la adventicia en la arteriotomía distal.

3.10   Endarterectomía

Reservarse para casos en los que no es posible realizar un injerto a un vaso distal de aceptable calidad y 1,5 mm de diámetro.

Alternativa al trasplante en pacientes con buena función ventricular la endarterectomía extensa.

La mayoría de ocasiones se plantean en el momento de la cirugía debido a que el cateterismo ha infraestimado la extensión de la arteriosclerosis y se abre la coronaria.

Revisión de resultados en *Seminars* 2009 (70): Mortalidad operatoria: 3-6%.

Técnica (71):

Reconstrucción: empleo del injerto con una boca amplia y un punto en talón y otro en cresta. El empleo de la mamaria se ha asociado con menor mortalidad y mayor permeabilidad, directamente o sobre parche de vena (66).

Sundt III (72), 1999 (Washington). 177 endarterectomías. 100 coronaria derechoa, 52 DA, 18 circunfleja. Mortalidad a 30 días no diferencias significativas (coronaria derecha 7%, DA 0%, circunfleja17%, múltiples 14%). Supervivencia a 5 años: coronaria derecha 76%, DA o circunfleja 75%. Libres de angina en seguimiento el 74%. Permeabilidad del 40% a 7 años.

Ferraris (73), 2000 (West Virginia). 97 pacientes. La permeabilidad es menor en injertos a endarterectomías. Control agresivo de factores aterogénicos. Anticoagulación 3 meses.

3.11 LASER

Revisión del Seminars 2006. (74), y 2009 (70).

El laser de CO_2 y el holmium:YAG tienen aprobación FDA.

Ensayos clínicos han demostrado con el laser una disminución marcada en la angina y una mejoría en la tolerancia al ejercicio y calidad de vida. Incluye estudios randomizados con seguimiento a 5 años.

Su eficacia junto a CRC más difícil de estudiar. Posible reducción en la mortalidad. Mejoría en la angina.

Mortalidad perioperatoria: Laser 6,4%. Laser/CRC: 4,2%. Supervivenca a 1 año: 85-90%.

3.11.1 Indicaciones:

Revascularización transmiocárdica laser como terapia única:

- Clase I: FE>30%, angina clase III o IV refractaria a tratamiento médico máximo, no revascularizable. (Nivel evidencia A).

- Clase IIB: indicación clase I con: FE<30%, o angor inestable con tratamiento intravenoso, o angor clase II. (Nivel de evidencia C).

Revascularización transmiocárdica laser combinada con CABG:

- Clase IIA: angor (clase I-IV) con zona isquémica viable no revascularizable. (Nivel de evidencia B).
- Clase IIB: sin angina con zona isquémica viable no revascularizable. (Nivel de evidencia C).

3.12 Cirugía híbrida

Kon, Baltimore (75). 15 pacientes con cirugía híbrida (mamaria izquierda a DA por minitoracotomía mas *stents* farmacológicos) los compara con 30 pacientes sin bomba. No mortalidad. Los del grupo híbrido menos eventos adversos cardiacos (ninguno frente a 6 infartos de miocardio y 1 ACVA en grupo sin bomba), menos transfusiones, menos intubación, menor estancia en cuidados intensivos y menor hospitalización.

Revisión muy interesante y completa en *Seminars* 2009 (115) de los distintos tipos y abordajes.

3.13 Disección yatrógena del TCI

Eshtehardi P, Berna, 2010 (76). Incidencia del 0,07% de los cateterismos, doble de frecuente en intervencionismo coronario percutáneo. 38 casos. 1 murió antes de tratamiento. 6 (16%) tratamiento conservador, 31 (82%) *stent* (14) o CRC (17). Solo 1 muerto, el no tratado, con disección a aorta. Resultados similares de las estrategias a 5 años. La disección fue localizada en el 55,3% (no casos de inestabilidad hemodinámica), se extendía a coronarias principales en el 42,1% (inestabilidad hemodinámica en el 38%) y se extendía a la aorta en el 2,6%. Considera opción razonable el tratamiento conservador en pacientes con disección localizada y estable. En la mayoría de pacientes la estrategia es *stent* o CRC. El intervencionismo coronario está claramente indicado si se pasa la guía, incluso en TCI. CRC es una alternativa si el paciente está estable y tiene enfermedad coronaria distal.

3.14 Reintervención coronaria

Dos capítulos de referencia (77, 78). Principalmente el del *Edmunds* escrito por Bruce Lytle.

Subramanian S, (79). Cleveland 2009. En pacientes con mamaria izquierda a DA que presentan enfermedad coronaria en territorios distintos de la DA la cirugía coronaria no tiene beneficio en supervivencia, y solo mejora sintomatología.

Revisión del Seminars 2009 (70): revisión de las medidad preoperatorias y técnica interesante. Papel importante de los nuevos TAC.

3.15 Cirugía en mayores de 80 años

Muchos artículos defienden la cirugía coronaria en mayores de 80 años con buenos resultados de mortalidad hospitalaria y supervivencia a medio plazo.

Likosky, publica en 2008 (80), publica resultados de 2661 pacientes mayores de 80 años y 587 mayores o iguales a 85 años. Supervivencia hospitalaria 98,3% y 87,6%. Los pacientes mayores de 85 más morbilidad intraoperatoria y postoperatoria. En pacientes mayores o iguales a 85 años la supervivencia media fue 5,8 años y la incidencia anual de muerte 13,7%. En la discusión realiza una buena revisión de la literatura.

4 MANEJO POSTOPERATORIO

Manejo postoperatorio precoz en cuidados intensivos (81, 82).

Aspirina 75-325 mg iniciarse 6 horas tras la cirugía, mantenerse como mínimo 1 año. No mejora la permeabilidad de la mamaria (83).

El empleo preoperatorio de aspirina se asocia en cirugía coronaria con una disminución en la mortalidad sin aumento significativo del sangrado, requerimiento de hemoderivados o morbilidad (84, 85).

Clopidogrel, alternativa a la aspirina cuando no se tolera.

Control factores de riesgo cardiovascular.

IECAs mejora la supervivencia en pacientes con insuficiencia cardiaca y disfunción ventricular sitólica, retrasa y previene la insuficiencia cardiaca en pacientes con disfunción ventricular asintomática. Reduce la mortalidad tras infarto de miocardio.

Beta-bloqueantes. Disminuyen la mortalidad en pacientes con insfuciencia cardiaca y disfunción ventricular sistólica. Disminuye el riesgo de muerte súbita tras infarto de miocardio y en insuficiencia cardiaca. Deben continuarse tras la cirugía en pacientes con infarto de miocardio previo, disfunción ventricular o insuficiencia cardiaca. Deben iniciarse la mañana tras la cirugía. Disminuye la incidencia de fibrilación auricular.

El empleo preoperatorio de betabloqueantes se asocia con una mayor supervivencia en CRC, excepto en pacientes con FE<30%.

Espironolactona 25 mg en pacientes con insuciencia cardiaca congestiva persistente disminuye los ingresos hospitalarios y mejora la supervivencia

Estatinas. Reducen la angina, necesidad de revascularización, infarto de miocardio, muerte súbita y ACVA. LDL<100 mg/dl. El empleo preoperatorio de estatinas se ha asociado con una menor mortalidad perioperatoria por todas las causas (86).

Amiodarona se puede considerar como profilaxis de la fibrilación auricular.

Antagonistas del calcio en casos con radial durante 6 meses. Diltiazem 120-180 mg vía oral, o amlodipino 5-10 mg.

Control de la tensión arterial. Principalmente con IECAs y betabloqueantes.

Diabetes mellitus.

Control del peso.

No fumar.

La transfusión de plaquetas perioperatorias en cirugía coronaria se ha asociado con eventos adversos perioperatorios: infección, empleo de inotropos, ACVA, muerte (87).

5 BIBLIOGRAFÍA

1. Bojar RM. Manual of perioperative care in adult cardiac surgery. 4 ed: Blackwell Publishing; 2005.

2. Higgins MJ, Hickey S. Anesthetic and perioperative management in coronary surgery. En: Wheatley D, ed. Surgery of Coronary Artery Disease. 2 ed: Arnold; 2003:135-56.

3. Chambers RJ, Al-Bustami MH. Coronary angiography. En: Wheatley D, ed. Surgery of Coronary Artery Disease. 2 ed: Arnold; 2003:68-83.

4. Wheatley DJ. Principles, evolution and techniques of coronary surgery. En: Wheatley DJ, ed. Surgery of Coronary Artery Disease. 2 ed: Arnold; 2003:157-89.

5. Kouchoukos NT, Blackstone EH, Doty DB, et al. Kirklin/Barrat-Boyes Cardiac Surgery. 3 ed: Churchill Livingstone 2003.

6. Loop FD, Lytle BW, Cosgrove DM, et al. Free (aorta-coronary) internal mammary artery graft. Late results. J Thorac Cardiovasc Surg 1986;92:827.

7. Loop FD, Lytle BW, Cosgrove DM, et al. Influence of the internal-mammary-artery graft on 10-year survival and other cardiac events. N Eng J Med 1986;314:1-6.

8. Cameron A, Davis KB, Green G, et al. Coronary bypass surgery with internal-thoracic-artery grafts – Effects on survival over a 15-year period. N Eng J Med. 1996;334:216-9.

9. Moon MR, Sundt III TM, Pasque MK, et al. Influence of internal mammary artery grafting and completeness of revascularization on long-term outcome in octogenarians. Ann Thorac Surg 2001;72:2003-7.

10. Edwards FH, Clark RE, Schwartz M. Impact of internal mammary artery conduits on operative mortality in coronary revascularization. Ann Thorac Surg. 1994;57:27-32.

11. Leavitt BJ, O´Connor GT, Olmstead EM, et al. Use of the internal mammary artery graft and in-hospital mortality and other

adverse outcomes associated with coronary artery bypass surgery. Circulation. 2001;103:507-12.

12. Deja MA, Wos S, Golba KS, et al. Itraoperative and laboratory evaluation of skeletonized versus pedicled internal thoracic artery. Ann Thorac Surg. 1999;68:2164-8.

13. Calafiore AM, Vitolla G, Iaco AL, et al. Bilateral Internal Mammary Artery Grafting: Midterm Results of Pedicled Versus Skeletonized Conduits. Ann Thorac Surg. 1999;67:1637.

14. Matsa M, Paz Y, Gurevitch J, et al. Bilateral skeletonized internal thoracic artery grafts in patients with diabetes mellitus. J Thorac Cardiovasc Surg. 2001;121:668-74.

15. Lev-Ran O, Mohr R, Amir K, et al. Bilateral internal thoracic artery grafting in insulin-treated diabetics: should it be avoided? Ann Thorac Surg. 2003;75:1872-7.

16. Lytle BW. Skeletonized internal thoracic artery grafts and wound complications. J Thorac Cardiovasc Surg. 2001;121:625-7.

17. Toumpoulis IK, Theakos N, Dunning J. Does bilateral internal thoracic artery harvest increase the risk of mediastinitis? . Interactive Cardiovascular and Thoracic Surgery 2007;6:787-92.

18. Lytle BW, Blackstone EH, Loop FD, et al. Two internal thoracic artery grafts are better than one. J Thorac Cardiovasc Surg. 1999;117:855-72.

19. Lytle BW, Loop FD. Superiority of bilateral internal thoracic artery grafting. Circulation. 2001;104:2152-4.

20. Lyttle BW, Blackstone EH, Sabik JF, et al. The effect of bilateral internal thoracic artery grafting on survival during 20 postoperative years. Ann Thorac Surg. 2004;78:2005-14.

21. Tatoulis J, Buxton BF, Fuller JA. The right internal thoracic artery: the forgotten conduit 5766 patients and 991 angiograms. Ann Thorac Surg. 2011;92:9-17.

22. Sabik JF, Lytle BW, Blackstone EH, et al. Comparison of saphenous vein and internal thoracic artery graft patency by coronary system. Ann Thorac Surg. 2005;79:544-51.

23. Sabik JF, Lytle BW, Blackstone EH, et al. Does competitive flow reduce internal thoracic artery graft patency? Ann Thorac Surg. 2003;76:1490-7.

24. Berger A, MacCarthy PA, Siebert U, et al. Long-term patency of internal mammary artery bypass grafts. Circulation. 2004;110:II36-II40.

25. Buxton BF, Ruengsakulrach P, Fuller J, et al. The right internal thoracic artery graft – benefits of grafting the left coronary system and native vessels with a high grade stenosis. Eur J Cardiothorac Surg. 2000;18:255-61.

26. Dion R, Glineur D, Derouck D, et al. Long-term clinical and angiographic follow-up of sequential internal thoracic artery grafting. Eur J Cardiothorac Surg. 2000;17:407-14.

27. Berroeta C, Benbara A, Provenchere S, et al. A comparison of bilateral with single internal mammary artery grafts on postoperative mediastinal drainage and transfusion requirements. Anesth Analg 2006;103:1380-5.

28. Buxton BF, Tatoulis J. Conduits for coronary surgery. En: Wheatley D, ed. Surgery of Coronary Artery Disease. 2 ed: Arnold; 2003:250-69.

29. Reyes AT, Frame R, Brodman RF. Technique for harvesting the radial artery as a coronary artery bypass graft. Ann Thorac Surg. 1995;59:118-26.

30. Dietl CA, Benoit CH. Radial artery graft for coronary revascularization: Technical considerations. Ann Thorac Surg. 1995;60:102-10.

31. Maniar HS, Sundt TM, Barner HB. Effect of target stenosis and location on radial artery graft patency. J Thorac Cardiovasc Surg. 2002;123:45-52.

32. Acar C, Ramsheyi A, Pagny JY, et al. The radial artery for coronary artery bypass grafting: clinical and angiographic results at five years. J Thorac Cardiovasc Surg. 1998;116:981-9.

33. Possati G, Gaudino M, Prati F, et al. Long-term results of the radial artery used for myocardial revascularization. Circulation. 2003;108:1350-4.

34. Khot UN, Friedman DT, Pettersson G, et al. Radial artery bypass grafts have an increased occurrence of angiographically severe stenosis and occlusion compared with left internal mammary arteries and saphenous vein grafts. Circulation. 2004;109:2086-91.

35. Gurbuz A, Findik O, Cui H, et al. Radial artery graft use and off-pump coronary artery bypass surgery outcome. Asian Cardiovasc Thorac Ann 2007;15:106-12.

36. Tatoulis J, Buxton BF, Fuller JA, et al. Long-term patency of 1108 radial arterial-coronary angiograms over 10 years. Ann Thorac Surg. 2009;88:23-30.

37. Zacharias A, Habib RH, Schwann TA. Improved survival with radial artery versus vein conduits in coronary bypass surgery with left internal thoracic artery to left anterior descending artery grafting. Circulation. 2004;109:1489-96.

38. Desai ND, Cohen EA, Naylor CD, et al. A randomized comparison of radial-artery and saphenous-vein coronary bypass grafts. N Eng J Med. 2004;351:2302-9.

39. Hayward PAR, Hare DL, Gordon I, et al. Effect of radial artery or saphenous vein conduit for the second graft on 6-year clinical outcome after coronary artery bypass grafting. Results of a randomised trial. Eur J Cardiothorac Surg. 2008;34:113-7.

40. Collins P, Webb CM, Chong CF, et al. Radial artery versus saphenous vein patency randomized trial. Circulation. 2008;117:2859-64.

41. Goldman S, Sethi GK, Holman W, et al. Radial artery grafts vs saphenous vein grafts in coronary artery bypass surgery. A randomized trial. JAMA. 2011;305:167-74.

42. Caputo M, Reeves B, Marchetto G, et al. Radial versus right internal thoracic artery as a second arterial conduit for coronary surgery: Early and midterm outcomes. J Thorac Cardiovasc Surg. 2003;126:39-47.

43. Lytle BW. Radial versus right internal thoracic artery as a second arterial conduit for coronary surgery: Early and midterm outcomes. J Thorac Cardiovasc Surg. 2003;126:5-6.

44. Hayward PAR, Gordon IR, Hare DL, et al. Comparable patencies of the radial artery and right internal thoracic artery or saphenous vein beyond 5 years: results from the radial artery patency and clinical outcomes trial. J Thorac Cardiovasc Surg. 2010;139:60-7.

45. Hirose H, Amano A, Takanashi S, et al. Coronary artery bypass grafting using the gastroepiploic artery in 1000 patients. Ann Thorac Surg. 2002;73:1371.

46. Motwani JG, Topol EJ. Aortocoronary saphenous vein graft disease. Circulation. 1998;97:916-31.

47. Souza D, Bomfim V, Skoglund H, et al. High early patency of paphenous vein graft for coronary artery bypass harvested with surrounding tissue. Ann Thorac Surg. 2001;71:797-800.

48. Lopes RD, Hafley GE, Allen KB, et al. Endoscopic versus open vein-graft harvesting in coronary-artery bypass surgery. N Eng J Med. 2009;361:235-44.

49. Ouzounian M, Hassan A, Buth KJ, et al. Impact of endoscopic versus open saphenous vein harvest techniques on outcomes after coronary artery bypass grafting. Ann Thorac Surg. 2010;89:403-9.

50. Vander Salm TJ, Kip KE, Jones RH, et al. What constitutes optimal surgical revascularization? J Am Coll Cardiol. 2002;39:565-72.

51. Synnergren MJ, Ekroth R, Oden A, et al. Incomplete revascularization reduces survival benefit of coronary artery bypass grafting: role of off-pump surgery. J Thorac Cardiovasc Surg. 2008;136:29-36.

52. Chu D, Bakaeen FG, Wang XL, et al. The impact of placing multiple grafts to each myocardial territory on long-term survival after coronary artery bypass grafting. J Thorac Cardiovasc Surg. 2009;137:60-4.

53. Rastan AJ, Walther T, Falk V, et al. Does reasonable incomplete revascularization affect early or long-term survival in patients with multivessel coronary artery disease receiving left internal mammary artery bypass to left anterior descending artery? Circulation. 2009;120.

54. Aziz A, Lee A, Pasque MK, et al. Evaluation of revascularization subtypes in octogenarians undergoing coronary artery bypass grafting. Circulation. 2009;120:S65-S9.

55. Botman CJ, Schonberger J, Koolen S, et al. Does stenosis severity of native vessels influence bypass graft patency? A prospective fractional flow reserve-guided study. Ann Thorac Surg. 2007;83:2093-7.

56. Nakajima HN, Kobayashi J, Tagusari O, et al. Functional angiographic evaluation of individual, sequential, and composite arterial grafts. Ann Thorac Surg. 2006;81:807-14.

57. Yi G, Youn YN, Song SW, et al. Off-pump right coronary artery bypass with saphaneous vein or in-situ right internal thoracic artery. Ann Thorac Surg. 2010;89:717-22.

58. Tector AJ, McDonald ML, Kress DC, et al. Purely internal thoracic artery grafts:outcomes. Ann Thorac Surg. 2001;72:450-5.

59. Wendler O, Hennen B, Demertzis S, et al. Complete arterial revascularization in multivessel coronary artery disease with 2 conduits (skeletonized grafts and T grafts). Circulation. 2000;102:III79-83.

60. Zacharias A, Schwann TA, Riordan CJ, et al. Late results of conventional versus all-arterial revascularization based on internal thoracic and radial artery grafting. Ann Thorac Surg. 2009;87:19-26.

61. Kim RW, Mariconda DC, Tellides G, et al. Single-clamp technique does not protect angainst cerebrovascular accident in coronary artery bypass grafting. Eur J Cardiothorac Surg. 2001;20:127-32.

62. Hammon JW, Stump DA, JF B, et al. Coronary artery bypass grafting with single cross-clamp results in fewer persistent neuropsychological deficits than multiple clamp or off-pump coronary artery bypass grafting. Ann Thorac Surg. 2007;84:1174-9.

63. He GW. Verapamil plus nitroglycerin solution maximally preserves endhotelial function of the radial artery: comparison with papaverine solution. J Thorac Cardiovasc Surg. 1998;115:1321-7.

64. Mussa S, Guzik TJ, Black E, et al. Comparative efficacies and durations of action of phenoxybenzamine, verapamil/nitroglycerin solution, and papaverine as topical antispasmodics for radial artery coronary bypass grafting. J Thorac Cardiovasc Surg. 2003;126:1798-805.

65. Chanda J, Canver CC. Reversal of preexisting vasospasm in coronary artery conduits. Ann Thorac Surg. 2001;72:476-80.

66. Dion R, Elias B, El Khoury G, et al. Surgical angioplasty of left main coronary artery. Eur J Cardiothorac Surg. 1997;11:857-64.

67. Liska J, Jönsson A, Lockowandt U, et al. Arterial patch angioplasty for reconstruction of proximal coronary artery stenosis. Ann Thorac Surg. 1999;68:2185-90.

68. Maureira P, Vanhuyse F, Lekehal M, et al. Left main coronary disease treated by direct surgical angioplasty: long-term results. Ann Thorac Surg. 2010;89:1151-7.

69. Sanders LH, Soliman HMA, Straten BH. Management of right ventricular injury after localization of the left anterior descending coronary artery. Ann Thorac Surg. 2009;88:665-7.

70. ElBardissi AW, Balaguer JM, Byrne JG, et al. Surgical therapy for complex coronary artery disease. Sem Thorac Cardiovasc Surg 2009;21:199-206.

71. Sundt T, Barner H. The role of coronary endarterctomy. En: Wheatley D, ed. Surgery of Coronary Artery Disease. 2 ed: Arnold; 2003:270-8.

72. Sundt III T, Camillo CJ, Mendeloff EN, et al. Reappraisal of coronary endarterectomy for the treatment of diffuse coronary artery disease. Ann Thorac Surg. 1999;68:1272-7.

73. Ferraris VA, Harrah JD, Moritz DM, et al. . Long-term angioplasty results of coronary endarterectomy. Ann Thorac Surg. 2000;69:1737-43.

74. Bridges CR. Guidelines for the clinical use of transmyocardial laser revascularization. Sem Thorac Cardiovasc Surg. 2006;18:68-73.

75. Kon AN, Brown EN, Tran R, et al. Simultaneous hybrid coronary revascularization reduces postoperative morbidity compared with results from conventional off-pump coronary artery bypass. J Thorac Cardiovasc Surg. 2008;135:367-75.

76. Eshtehardi P, Adorjan P, Togni M, et al. Iatrogenic left main coronary artery dissection: incidence, classification, management, and long-term follow-up. Am Heart J. 2010;159:1147-53.

77. Madani MM, Jamieson SW. Repeat coronary surgery. En: Wheatley D, ed. Surgery of Coronary Artery Disease. 2 ed: Arnold; 2003:290-5.

78. Lytle BW. Coronary artery reoperations. En: Cohn LH, Edmunds LH, eds. Cardiac surgery in the adult. 2 ed: McGraw-Hill; 2003:659-80.

79. Subramanian S, Sabik J, Houghtaling PL, et al. Decision-making for patients with patent left internal thoracic artery grafts to left anterior descending. Ann Thorac Surg. 2009;87:1392-400.

80. Likosky DS, Dacey LJ, Baribeau YR, et al. Long-term survival of the very elderly undergoing coronary artery bypass grafting. Ann Thorac Surg. 2008;85:1233-8.

81. Screaton M. Routine coronary heart surgery. En: Mackay J, Arrowsmith J, eds. Core topics in cardiac anaesthesia: GMM; 2004:157-70.

82. Bojar R. Manual of perioperative care in adult cardiac surgery. 4 ed: Blackwell Publishing; 2005.

83. McMurray J, Packard C. The role of risk factor modification. En: Wheatley D, ed. Surgery of Coronary Artery Disease. 2 ed: Arnold; 2003:370-81.

84. Dacey LJ, Muñoz JJ, Johnson ER, et al. Effect of preoperative aspirin use mortality in coronary artery bypass grafting patients. Ann Thorac Surg. 2000;70:1986-90.

85. Mangano DT. Aspirin and mortality from coronary bypass surgery. N Eng J Med. 2002;347:1309-17.

86. Pan W, Pintar T, Anton J, et al. Statins are associated with a reduced incidence of perioperative mortality after coronary artery bypass graft surgery. Circulation. 2004;110:II45-9.

87. Spiess B, Royston D, Levy J, et al. Platelet transfusions during coronary artery bypass graft surgery are associated with serious adverse outcomes. Transfusion. 2004;44:1143-8.

www.ingramcontent.com/pod-product-compliance
Lightning Source LLC
Chambersburg PA
CBHW021041180526
45163CB00005B/2228